咖啡彩绘拉花 63 款

[韩] 李康彬◎著

程 匀◎译

中国轻工业出版社

序言

彩绘拉花，将艺术与你的生活相连

　　一杯咖啡，可以帮你找回那些在忙碌生活中被遗忘的悠闲与宁静。和珍贵的朋友一起喝咖啡的美好时光，会成为难以忘怀的回忆；独处时的一杯咖啡，也许是疲惫心灵的慰藉。这些成就你生活中"小确幸"的一杯杯咖啡，现在因为彩绘拉花的诞生，又拥有了更加特殊的意义——你的平凡日常生活将与艺术紧密相连。

　　制作彩绘拉花，并不需要长时间锤炼技术，也不需要具备深奥的知识。只要你想尝试制作一杯与众不同的饮料，或是对咖啡有着特别的热情，谁都可以制作出彩绘拉花。这本书里呈现的拉花技法，是我在彩绘拉花领域探索十余年后总结出的独特秘诀。对于专业咖啡师来说，希望我的书能为你们在咖啡制作领域不断开阔视野提供一些帮助。而对于普通咖啡爱好者来说，希望在我的指导下，你们也能做出不亚于专业咖啡师水准的美味咖啡。

李康彬
Lee, Kang bin

Contents

目录

PART 2 | 让饮品变得不平凡的彩绘拉花技法

PART 1

开启彩绘拉花的『旅程』

艺术与咖啡的相遇，Cream Art

    Cream Art，即奶油艺术、彩绘拉花，是由奶油（Cream）和艺术（Art）组合而成。它与传统的咖啡拉花有相似之处，但从作品的复杂程度和细腻度来说，它又是一种不同于以往的、新的咖啡艺术。传统拉花是用蒸汽加热过的奶泡创作出不同形状或文字等图案的工艺，一般称为"拿铁艺术"。然而在实际制作过程中，温热的奶泡和咖啡有可能因拉花创作时间过长而温度下降，从而影响咖啡的味道。而且只能用牛奶的白色和咖啡的棕色这两种颜色来进行创作，艺术表现力上也具有一定的局限性。彩绘拉花则采用凉的饮料作为基底，有效避免了温度下降引起的品质下降问题，并且用搅拌打发后的奶油当作画布，用食用色素作为颜料在奶油上作画，可以创作出更加丰富多彩的作品。所以很多人评价，彩绘拉花将咖啡拉花艺术提升到了新的高度。

    仿佛在油画布上作画的彩绘拉花，其实操作起来比想象中容易。在凉的饮料上薄薄地铺上一层奶油，然后用颜料画你想画的图案就好。就算你没有绘画的天赋，也能制作出一杯世界上独一无二、属于自己的美味饮料。

基底饮品

为小朋友准备的牛奶基底

巧克力牛奶、草莓牛奶、香蕉牛奶等日常生活中常用的果味牛奶，都可以作为基底。用普通牛奶制作的彩绘拉花也会让人喝上瘾。

浪漫的鸡尾酒基底

在基底中加入伏特加、可可利口酒等酒精饮料，特别适合在浪漫的氛围下使用。添加了可可利口酒的基底，不但能保留基底原有的味道，还能让人品尝到味道强烈的酒香，体会更加丰富的口感。

不需要任何咖啡设备的速溶咖啡基底

用市面上常见的速溶咖啡（冰咖啡）制作彩绘拉花也是没有任何问题的。

高级的香草糖浆基底

在牛奶中添加手工香草糖浆制成的香草牛奶，也适合作为彩绘拉花的基底。味道香甜且具有高级感，能很好地起到丰富整体口感的作用。香草糖浆的做法也很简单，只需用到300克细砂糖、300克热水和两根香草荚就可以了。

香甜的白糖糖浆基底

我们也可以用白糖糖浆代替纯咖啡或纯牛奶来制作基底。100毫升牛奶加10克白糖糖浆，搅拌均匀，就可以得到一杯香甜的白糖糖浆基底。

味道醇厚的冷萃咖啡基底

将咖啡粉和水按照1∶10的比例（例如10克咖啡搭配100克水），以每两秒钟一滴的速度萃取咖啡液后，放入冰箱冷藏保存即可。因咖啡豆的烘焙程度、咖啡粉的研磨细腻程度各有不同，大家可以按照自己喜欢的口味酌情调整粉水比例。

冷萃咖啡原液可在冰箱中存放一周，最长可至一个月。放入冰箱一两天后，就能品尝到像红酒一样发酵熟成后的咖啡醇香。追求纯正咖啡基底味道的朋友，强烈推荐使用冷萃咖啡。

如果用市面上可以买到的冷萃咖啡原液来制作基底，可按照70克冷萃咖啡搭配30克牛奶和10克糖浆的比例混合搅拌均匀，然后在上面铺上40克适度打发的奶油即可。总体来说，基底和奶油的总量控制在150克内比较合适。如果用冷萃咖啡基底搭配巧克力奶油，则基底可用70克冷萃咖啡加30克牛奶，巧克力奶油可用40克打发奶油加10克巧克力糖浆来进行制作，总重量在150克左右为佳。

奶油

选择合适的奶油

　　植物性奶油含有植物油，是在菜籽油、大豆油等食用油中加入乳化剂、各种香料和糖等成分加工而成的。人们常说的鲜奶油则是指动物性奶油。如果是彩绘拉花的初学者，我建议使用植物性奶油。因为植物性奶油比动物性奶油的质感更顺滑，而且已经添加了糖分在里面，不需要另外加糖。此外，保质期相对比较长也是优点之一。

找到适宜的甜度

　　彩绘拉花制作时非常重要的一点，就是要使下面的饮料基底和上层奶油的甜度达到平衡。如果饮料基底糖分较多，就要适当降低奶油的甜度；反之，如果基底的甜度较低，就要在奶油里多加些糖，这样整杯饮料的口感才会平衡协调。在奶油里加一些牛奶搅拌打发，不但能降低甜度，还能让奶油的质感更加细腻。

制作清爽的奶油

　　如果用动物性奶油，可以通过在奶油中加入糖来调整甜度；如果用本身添加了糖分的植物性奶油，则可以添加适量牛奶来进行调节，奶油和牛奶的比例以3∶1为最佳。相比使用纯奶油，如果想追求清爽一些的口感，可以按"10克糖浆+70克冷萃咖啡+30克牛奶"的比例制作基底，上面奶油层则用"30克含糖植物性奶油+10克牛奶"的比例进行搭配。

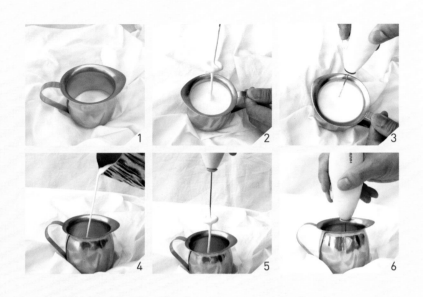

调整奶油的稀稠度

  将咖啡基底与奶油之间的稀稠度和比例调整到最佳状态，是制作一杯好咖啡的关键。对于彩绘拉花来说，打发奶油的过程也同样重要。只有打发出优质的奶油，配上美味的咖啡基底，才称得上是一杯好喝的咖啡。

  要想打出合适的奶油，首先我们要将奶油倒入一个瘦高的拉花杯进行打发。选择边缘较高的容器，是因为搅拌棒可以更多地没入奶油，搅打时不易卷入空气产生大的气泡，从而有效提高奶油的密度和黏性。将拉花杯稍微倾斜一点，还可以打出更加细致的奶油。总之，快速打发出没有气泡且黏性较高的奶油至关重要。如果奶油过于厚重也不用太担心，只要稍微添加一些牛奶搅拌均匀，就可以迅速降低其黏性。唯一需要注意的是，如果反复添加牛奶，奶油的体积也会相应增加不少。

Tip 咖啡基底的选购
如果追求基底咖啡的味道,
不妨去家附近的咖啡店或便
利店购买冷萃咖啡原液来使
用。如果对咖啡的味道不敏
感,用速溶咖啡来代替也是
可以的。

要点三

材料和工具

小杯子（150毫升）

拉花针

电动搅拌器

勺子

圆点笔

不锈钢
去角质推刀

16

电子秤

食用色素（糖浆）

17

技法

拉花针技法

锥子形状的拉花针可以用来画很细的线条或调整作品的明暗度，用途非常广泛，称得上是"万能工具"。特别是在调整线条或对画作进行涂改时尤为好用。备好各种型号的拉花针，调整线条粗细就再也难不倒你了。

调色

用拉花针把颜料慢慢涂开，和奶油一点点混合起来，就能调整颜色的深浅了。

画线

　　先用拉花针多蘸取一些巧克力糖浆（注意针尖要探入得深一些，同时也要防止糖浆在笔尖聚成一团）。然后轻轻地把拉花针放在奶油上开始画线，一边画，针尖一边慢慢向下探入，这样就可以画出一条很长的直线了。操作时，让巧克力糖浆轻轻触碰到奶油即可。找准这个感觉，画线其实一点也不难。

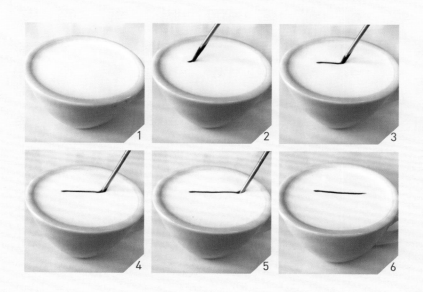

画交叉线

　　咖啡拉花是在可流动的液体表面作画，这和在固定的纸面上画画的感觉完全不同。如果在奶油上直接两笔画出交叉的线条，那么画第二条线时，第一条线也会被"带跑"，变得歪歪扭扭。要想解决这个问题，就要在画第二条线的时候，先从第一条线的中间下笔，画出半条线，再用同样的方法画好另一侧，这样就能画出笔直的两条交叉线了。

错误示范

正确示范

抹掉线条

　　想把没画好的线条抹掉，方法很简单，只需把拉花针深深地插入奶油中，然后慢慢边向后移动边往外拉，这样奶油就能覆盖住原来画的线条了。

推动线条

　　想要把直线变成曲线，或是把曲线变成直线，只需轻轻推动线周围的奶油就可以了，并不需要直接接触那条线。需要注意的是，这个推动的过程也许会影响到作品的其他部分，动作要格外小心。

Tip 一只手拿工具，另一只手准备一块纸巾吧
用拉花针或勺子在奶油上画画时，色素不可避免地会粘在工具上。为了保持画作清晰不混色，最好每画完一笔就用纸巾将工具擦干净，然后再画下一笔。这样也可以确保本来鲜明的颜色不会因为掺杂了白色的奶油而变得模糊。

圆点笔技法

画圆点或小面积涂色时，需要用到圆点笔（也可以用美甲工具里的不锈钢去角质推刀）。

画点

画点的技法一般用于填充颜色，或在想自然地表现颜色的明暗度时使用。用圆点笔轻轻地点在奶油上，反复多次后，随着颜料与奶油慢慢融合，圆点的效果也会变得越来越自然。

填充颜色

用圆点笔一点点地扩大涂色面积，许多个点就形成了一个面。

勺子技法

当涂色面积较大时，一般会用到勺子。相比圆勺，用头部稍微窄一点的椭圆形勺子，更有利于细节的描绘。

画面

用勺子头的背面可以快速地大面积上色。

画圆

　　用勺子滴一滴颜料在奶油表面虽然可以画出一个圆形，但存在一定的局限性。如果想画出效果更为细腻或清晰的圆，不妨使用开口较小的裱花袋，通过调整挤压裱花袋的力度来控制滴落的颜料量，这样就可以随心所欲地画出各种大小的圆了。

用勺子画圆

用裱花袋画圆

调整颜色深浅

深色

    彩绘拉花有时就像画油画，都是通过一层一层地上色来完成作品。只不过彩绘拉花是用混合了色素的奶油来涂色。涂色的层数越多，颜色就越深。

浅色

    反之，画浅色的方法则有点像画水彩画，将颜料轻轻地擦涂在奶油上，使二者慢慢地混合，画出你想要的深浅度。

描绘线条

简单素描

    画一些简单形状时，一笔画下来要比反复下笔呈现的效果更为干净清爽。可以试着用拉花针多蘸取一些巧克力糖浆，尽量一笔画出长一点的线条。动作要领是拉花针接触到奶油后，要一边画一边把拉花针慢慢插入奶油里面。

描绘细节

    当需要对细节进行描绘时，只需要用拉花针蘸取少量颜料，轻轻地接触到奶油表面即可。握着拉花针的手如果有些抖动或感觉酸痛时，可以用另一只手扶住这只手的手腕。

Tip **需要很好的画工吗？**
即使你不太会画画，只要按照步骤去做，就能画出完成度很高的作品。

PART 2

让饮品变得不平凡的彩绘拉花技法

满载春天的自行车

难易度

★☆☆☆☆

材料：颜料（混有食用色素的奶油）、巧克力糖浆　**工具：**拉花针、圆点笔

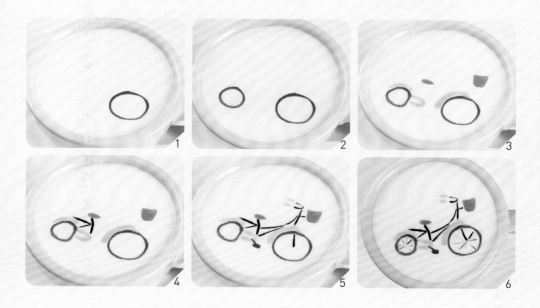

1-2 拉花针蘸取适量蓝色颜料，画出两个大小不同的圆。

3　用拉花针蘸取适量粉红色颜料，在靠近圆圈的位置画出自行车的车架，注意不要碰到蓝色部分。然后用拉花针蘸取土黄色颜料，画出车座和车筐。

　　*可用浓缩咖啡、速溶咖啡或巧克力糖浆来代替土黄色颜料。

4　用拉花针蘸取巧克力糖浆画出自行车各个部分的连接线，这样整个自行车的框架就基本完成了。

5-6 用圆点笔分别蘸取蓝色和粉红色颜料，画出脚踏板和车把手，最后用拉花针蘸取巧克力糖浆画出车轮辐条。

复古相机

难易度

★☆☆☆☆

材料： 颜料（混有食用色素的奶油）、巧克力糖浆、奶油　**工具：** 拉花针、勺子

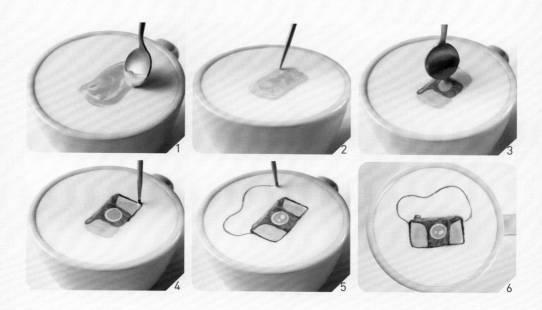

1　用勺子蘸取适量灰蓝色颜料，在奶油上画出相机形状的长方形。

2　用拉花针进行微调，将颜色涂抹均匀并整理轮廓线。

3　用圆勺蘸取亮蓝色颜料，在灰蓝色相机背景的中间滴一滴，画出相机的镜头。

4　用蘸取了巧克力糖浆（或黑色颜料）的拉花针画出相机的轮廓，使图案边缘更加
　　清晰。

5-6　最后用拉花针蘸取一点奶油点在镜头上，当作镜头的反光，并用土黄色颜料画出相
　　机的挂绳，这个作品就完成了。

　　*画相机挂绳这种细线条时需要使用拉花针。

童话中的风车村

难易度

★★☆☆☆

材料：颜料（混有食用色素的奶油）、巧克力糖浆、奶油　**工具：**拉花针、勺子

1　用拉花针蘸取一些巧克力糖浆，画出地平线和风车的基本轮廓。

2　再用拉花针蘸取巧克力糖浆，在风车上面画出四个椭圆形作为风车的扇叶。然后蘸取适量深灰色颜料，在椭圆形内部填色。

　　*填色时最好用粗一些的拉花针。如果没有粗头拉花针，也可以用筷子代替。

3　用拉花针分别蘸取红色和黄色颜料，画出几个三角形屋顶。

4　用勺子蘸取一些蓝色颜料，点在白色奶油上面当作云朵。注意动作要又轻又快，这样云朵才能尽可能地小。

5-6　最后用拉花针稍微将蓝色颜料涂开一点，营造出自然轻盈的效果。

伦敦塔桥

难易度

★★★☆☆

材料：颜料（混有食用色素的奶油）、巧克力糖浆　**工具：**拉花针、勺子

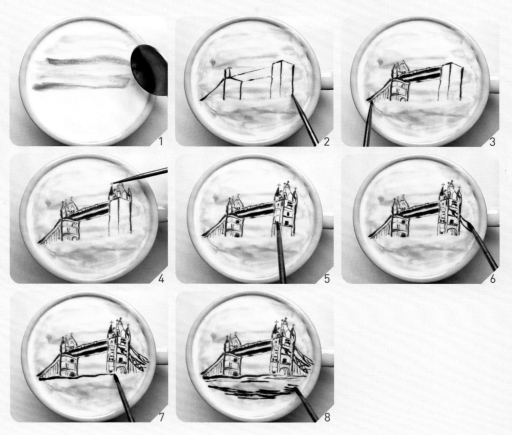

1　用勺子外侧蘸取颜料，横向涂抹出颜色交错的画面背景。不管是从左往右，还是从右往左，都要始终顺着一个方向，一笔画出来，这样线条效果才会自然。

2　用拉花针蘸取巧克力糖浆，画出伦敦塔桥的轮廓线。

3-6　用拉花针耐心地画出各处细节。

　　*正确顺序是先画轮廓线等相对简单的线条，再画小细节。

7-8　用拉花针蘸取巧克力糖浆，先画出塔桥和河面之间略微弯曲的分界线，再在河面部分叠加画一些短的线条作为水波纹。

埃菲尔铁塔

难易度

★★★★☆

材料：颜料（混有食用色素的奶油）、巧克力糖浆 工具：拉花针、圆点笔、勺子

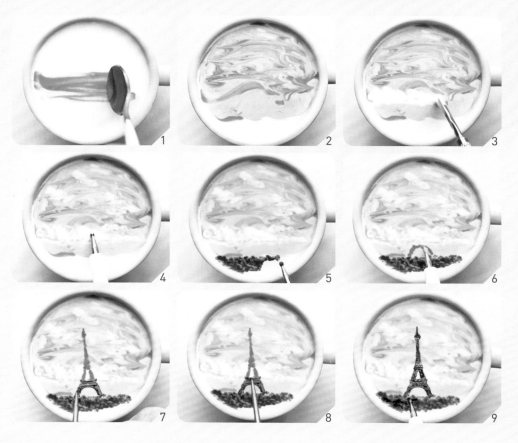

1-2 用勺子蘸取蓝色颜料轻轻涂抹在奶油上画出蓝天。

3 用拉花针把蓝色颜料撇开一些，画出飘浮的白云效果。

4 用圆点笔蘸一点灰色颜料，画出白云的阴影部分。

5 用圆点笔蘸取适量草绿色颜料，轻轻点在画面下面的空白位置，画出绿色的草地。

6 用圆点笔蘸取棕色颜料，画出埃菲尔铁塔底座。

7-8 用拉花针蘸取巧克力糖浆，从下到上画出埃菲尔铁塔的轮廓和细节。

9 用圆点笔蘸取黑色颜料点在草地上，画出深浅不一的感觉，使画面更立体。

凯旋门

难易度

★★★★☆

材料：颜料（混有食用色素的奶油）、巧克力糖浆　　**工具**：拉花针、勺子

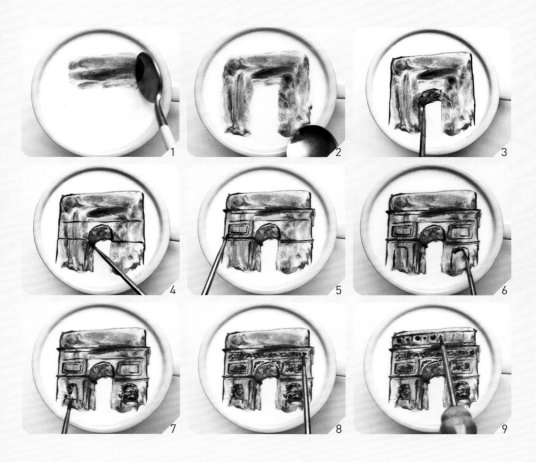

1-2 用勺子蘸取褐色颜料，先粗略涂抹出凯旋门的大致轮廓。

　　*为使画面效果更自然，可配合用拉花针进行微调，让褐色颜料和奶油融合在一起。

3-4 用拉花针蘸取巧克力糖浆，画出轮廓线。

5-9 用拉花针蘸取巧克力糖浆，仔细描绘细节，打造出更加立体的效果。

罗马斗兽场

难易度

★★★★☆

材料：颜料（混有食用色素的奶油）、绿茶（或抹茶）粉末、巧克力糖浆
工具：拉花针、勺子、一张纸

1　　用勺子蘸取蓝色颜料涂抹在奶油上，大致画出蓝色天空背景。

2　　用勺子在背景上涂一些白色奶油，画出斗兽场所在区域。

3　　用勺子蘸取褐色颜料填在白色区域，画出斗兽场的大致形状。

4-6　用拉花针蘸取巧克力糖浆，勾勒出斗兽场的轮廓线。

7-10　用拉花针蘸取白色奶油画出阴影部分，再蘸取蓝色颜料画出窗户。

11-12　在完成的作品上覆盖一张白纸，将绿茶（或抹茶）粉末轻轻地撒在杯子的下半部分，打造出独特的立体草坪效果。

自由女神像

难易度

★★★★☆

材料： 颜料（混有食用色素的奶油）、巧克力糖浆　**工具：** 拉花针、圆点笔

1-3　用拉花针蘸取巧克力糖浆画出自由女神的轮廓线，以及脸、手等细节部分。

4-6　用圆点笔蘸取褐色颜料画出明暗效果，让画面更加立体。

7-8　用拉花针蘸取巧克力糖浆，重点描绘衣服褶皱和脸部细节。

比萨斜塔

难易度

★★★★★

材料： 颜料（混有食用色素的奶油）、巧克力糖浆　　**工具：** 拉花针、圆点笔、勺子

1　用勺子蘸取蓝色颜料，在奶油上粗略地画出蓝色背景。

2　用圆点笔在蓝色背景上局部涂匀，使奶油和颜料部分融合，营造立体效果。

3　用勺子在背景上涂一些白色奶油，将比萨斜塔的轮廓画出来。然后用拉花针仔细画出清晰的轮廓线。

　　*用白色奶油涂抹出大致轮廓后再上色，可以让整个作品显得更为干净和清晰。

4-5　用拉花针蘸取巧克力糖浆，继续画出比萨斜塔的骨架。

6-7　用圆点笔蘸取褐色颜料画出明暗效果。

8-11　用拉花针蘸取巧克力糖浆画出细节部分。

12　用圆点笔蘸取草绿色颜料，点在斜塔下面，画出绿色草坪。

蒙德里安,《线与色彩的构成》

难易度

★★☆☆☆

材料： 颜料（混有食用色素的奶油）、巧克力糖浆　**工具：** 拉花针、勺子

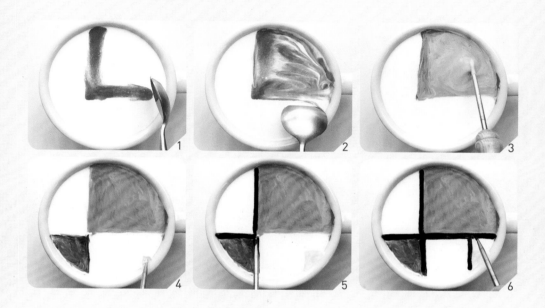

1　用勺子取适量红色颜料在奶油上画出一个直角。

2　继续用勺子把红色区域填满。

　　*涂色面积较大时，适合用圆形勺子。

3　用拉花针在红色区域来回搅匀，让颜料和奶油充分融合。

4　蓝色和黄色区域也采用上述方法完成。

5-6 用拉花针蘸取巧克力糖浆（或黑色颜料），在各个颜色的分界位置画出粗一些的轮廓
　　线，明确划分各个区域。

安迪·沃霍尔，《花》

难易度

★★☆☆☆

材料：颜料（混有食用色素的奶油）　**工具：**拉花针、勺子

1-2　用拉花针蘸取草绿色颜料，画出一些自然的线条，线条最好一笔画成，画到尾部时
　　　把拉花针轻轻地提起来，营造自然的效果。

3　　 用勺子蘸取橘黄色颜料，画出5个花瓣形状。

4-6　用拉花针蘸取黑色颜料，在花瓣中间画出花蕊。

莫奈，《睡莲》

难易度

★★★☆☆

材料：颜料（混有食用色素的奶油）、巧克力糖浆　**工具：**拉花针、圆点笔、勺子

1　用勺子蘸取一些浅棕色颜料，画出花瓣下的阴影部分。

2-4 用圆点笔蘸取红色颜料，在阴影上画出花瓣，营造深浅不一的立体效果。

5-8 用拉花针蘸取巧克力糖浆，画出清晰的花瓣轮廓和根茎部分。

克里姆特，《生命之树》

难易度

★★★☆☆

材料： 颜料（混有食用色素的奶油）　**工具：** 拉花针、圆点笔、勺子

1　用勺子蘸取土黄色颜料涂在奶油上，大致填充好背景色。

2-3　用拉花针在上色的部分来回划动，使颜料和奶油融合在一起，慢慢使背景颜色变浅。

　　*如果想要深色的背景，可以在奶油中加入土黄色颜料后搅拌打发，铺在饮料表面。

4　用勺子蘸取土黄色颜料，简单画出树干。

5-7　用拉花针蘸取土黄色颜料画出弯曲的树干。画到树梢的时候要拉出一个个圆形旋涡。

8-9　用粗一些的拉花针或圆点笔蘸取一些奶油，轻轻地点在整个画面上。

李仲燮，《鸽子与手》

难易度

★★★☆☆

材料：颜料（混有食用色素的奶油）、巧克力糖浆　**工具**：拉花针、勺子

1-2　用勺子蘸取蓝色颜料，涂在奶油上作为背景色。

3　　用勺子蘸取奶油，画出鸽子和手的大致形状，然后用拉花针画出清晰的轮廓。

4　　用拉花针蘸取红色颜料画出花的形状。

5-8　用拉花针蘸取巧克力糖浆，仔细勾勒出鸽子、手和花瓣的轮廓。

葛饰北斋，
《神奈川冲浪里》

难易度

★★★★☆

材料：颜料（混有食用色素的奶油） **工具：**拉花针、圆点笔、勺子

1-2 用勺子蘸取浅棕色颜料，轻轻涂抹在奶油表面。用拉花针蘸取草绿色颜料涂在图中相应的位置，然后蘸取黑色颜料画出波浪的轮廓线。

3 用拉花针蘸取蓝色颜料，先画出远处的海浪。

4 用圆点笔蘸取蓝色颜料继续画近处的海浪。

5-7 用拉花针把蓝色颜料一点点涂开，表现出海浪深浅不一的颜色和大小不同的浪花。

申润福,《美人图》

难易度

★★★★☆

材料： 颜料（混有食用色素的奶油）、巧克力糖浆   **工具：** 拉花针、圆点笔

1-2 用拉花针蘸取巧克力糖浆，画出人物的轮廓线。

3   用圆点笔蘸取黑色颜料，画出略显厚重的头发。

  *可用浓缩咖啡或速溶咖啡代替黑色食用糖浆。

4   用蘸取了浅棕色的圆点笔，画出脸部立体效果。

5   用圆点笔蘸取黄色颜料，给衣服上色。

6-9 用圆点笔蘸取巧克力糖浆，画出眼睛、鼻子和嘴巴。

  *要想画出特别细的线条，就要少蘸取一些颜料。

梵高,《星月夜》

难易度

★★★★☆

材料：颜料（混有食用色素的奶油）　**工具**：拉花针、勺子

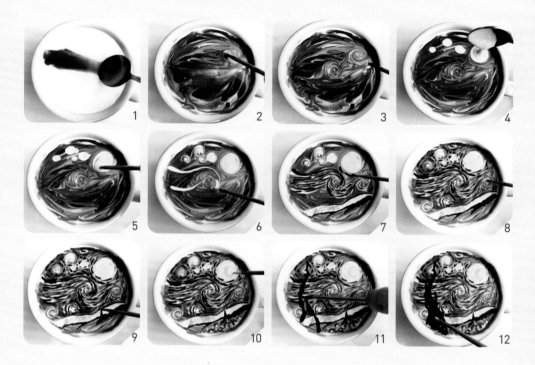

1　用勺子蘸取蓝色颜料涂抹在奶油上。

　　*将蓝色、紫色和黑色颜料与少量奶油混合，可以调出与原作类似的色调。

2-3 用拉花针画出几个旋涡。

4　用尖头勺子取适量黄色颜料滴在奶油上，画出月亮。

　　*用裱花袋可以画出更清晰的圆。

5　拉花针蘸取黄色颜料，把月亮也轻轻划成旋涡状。

6　拉花针蘸取一些奶油，画出几条白色曲线。每条线应一笔画成，不要断开。

7-8 用拉花针蘸取黑色颜料，画出或长或短的曲线，强化轮廓。

9　用拉花针蘸取黑色颜料，从画面下部开始描绘细节。

10　用拉花针蘸取黄色颜料，画出月亮的阴影，使其更立体。

11　用拉花针蘸取黑色颜料，画出几条弯曲的树干。

12　用拉花针蘸取黄色颜料，在树干上点一些圆点。

蒙克,《呐喊》

难易度

★★★★☆

材料：颜料（混有食用色素的奶油） **工具：**拉花针、勺子

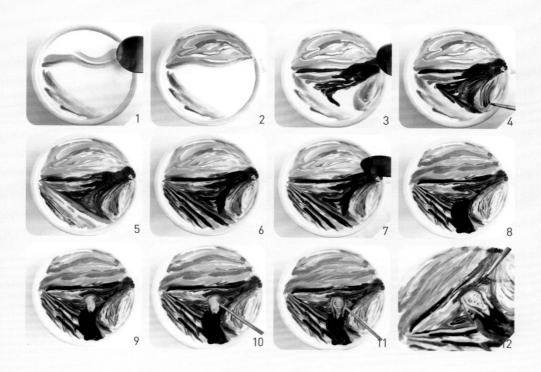

1-2 用勺子分别蘸取所需的颜料，如图上色。

3 用勺子蘸取蓝色颜料，将空白部分填满。

4-5 用拉花针把各种颜色轻轻地涂匀。

6-7 用勺子蘸取黑色颜料，覆盖在如图所示的位置。

8 用勺子蘸取黑色颜料，画出一个大致的人形。

9 用勺子蘸取淡黄色颜料，画出略微变形的脸部。

10-12 用蘸取了黑色颜料的拉花针画出眼睛、鼻子和嘴之后，再分别蘸取之前用过的各
个颜色再次上色，使画面颜色更为鲜艳。

*如果感觉颜色太浓，可以用拉花针再轻轻地把颜色涂开一些。

Chapter03

一杯"难忘的回忆"

难忘的毕业典礼

难易度

★☆☆☆☆

材料：颜料（混有食用色素的奶油）、巧克力糖浆 **工具：**拉花针、勺子

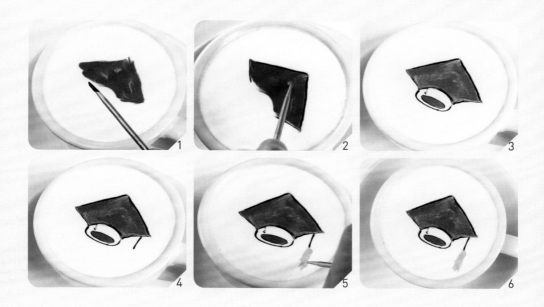

1 用勺子蘸取蓝色颜料，大致画出类似学士帽的三角形，然后用蘸取了巧克力糖浆的
拉花针勾勒出轮廓线。

2 用拉花针把蓝色颜料轻轻地涂匀。

3-4 用蘸取巧克力糖浆的拉花针画出圆形的帽檐和悬挂流苏的细绳。

5-6 最后用蘸取黄色颜料的拉花针画出流苏，作品就完成了。

那年冬天的雪人

难易度

★★☆☆☆

材料：颜料（混有食用色素的奶油） **工具：**拉花针、勺子

1　用拉花针蘸取深蓝色颜料，画出雪人的轮廓。

2　用勺子蘸取红色颜料，挨着雪人头部下方画出垂下的围巾。

3　用拉花针蘸取土黄色颜料，点出纽扣、眼睛和嘴，然后再画出圆锥状的鼻子。

4-6　用拉花针蘸取褐色颜料，画出树干胳膊，并轻轻地涂开胳膊边缘的奶油，营造出自
　　　然的立体效果。

爱的康乃馨

难易度

★★☆☆☆

材料：颜料（混有食用色素的奶油） **工具：**拉花针、勺子

1-2 用勺子分别蘸取粉色和红色颜料，画出两对曲线。

3-4 用拉花针从外侧向里侧划过，画出类似花瓣的花纹。

5-6 最后，用拉花针分别蘸取嫩绿色和紫色颜料，画出花枝和弯曲的飘带。

充满期待的情人节

难易度

★★★☆☆

材料：颜料（混有食用色素的奶油）、巧克力糖浆　　工具：拉花针、勺子

1　用勺子蘸取褐色颜料，先画出一个长方形。

2　利用拉花针把奶油盖住长方形的一角，做出被咬了一口的效果。

3-4　用拉花针蘸取巧克力糖浆画出一个个巧克力块，再用一点奶油画阴影，表现出巧克力的立体感。

5-6　用拉花针蘸取粉色颜料画出一个心形，然后从中间划一下，使爱心看起来更加生动可爱。

甜蜜的奶油蛋糕

难易度

★★★☆☆

材料：颜料（混有食用色素的奶油）、巧克力糖浆　　**工具：**拉花针、圆点笔

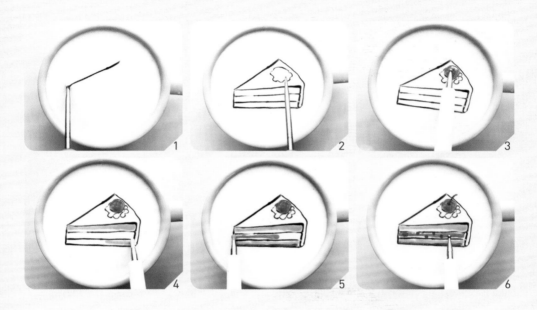

1　用拉花针蘸取巧克力糖浆，画出蛋糕的轮廓。

2-3　用拉花针蘸取巧克力糖浆，画出樱桃和叶子的轮廓，用圆点笔蘸取红色颜料给樱桃
　　填色。

4-5　用圆点笔分别蘸取粉色和黄色颜料，交替画出蛋糕内的分层。

6　用圆点笔蘸取红色颜料，点在中间粉色部分，增加层次感。最后用拉花针蘸取绿色
　　颜料，画出樱桃上面的柄。

五色圣诞麋鹿

难易度

★★★☆☆

材料：颜料（混有食用色素的奶油）、巧克力糖浆　**工具：**拉花针、圆点笔

1-2　用拉花针蘸取巧克力糖浆，画出奔跑中的麋鹿轮廓。

　　　*拉花针上不要蘸太多颜料，这样才能画出较细的线条。

3-6　用圆点笔或粗一些的拉花针蘸取不同颜色的颜料，用画点的方式将麋鹿内部填满。

　　　最后在画面其他地方也画一些彩色圆点，使画面更加生动。

幸运福袋

难易度

★★★☆☆

材料：颜料（混有食用色素的奶油）、巧克力糖浆 **工具：**拉花针、勺子

1-2 用勺子蘸取粉色颜料画出福袋的大致形状。

3-4 用勺子蘸取黄色颜料画出丝带，然后用拉花针蘸取巧克力糖浆，勾勒出丝带和福袋
　　的轮廓。

5-6 用拉花针蘸取蓝色颜料，画出丝带上的流苏装饰，再蘸取巧克力糖浆勾勒轮廓。

7-8 用勺子取一些奶油滴在福袋中间，再用蘸取了巧克力糖浆的拉花针写出"福"字，
　　作品就完成了。

热情的红玫瑰

难易度

★★★★☆

材料：颜料（混有食用色素的奶油）　**工具：**拉花针、圆点笔、勺子

1-2 用勺子蘸取红色颜料，画出一层层花瓣。

3-4 用拉花针把红色颜料轻轻地晕开，让花瓣看起来更加轻盈。

5-6 用拉花针蘸取深红色颜料，画在花瓣交接处，增加画面的层次感。

7　 用圆点笔或粗一些的拉花针蘸取少量奶油，勾勒出花瓣的轮廓线，让画面更加立体。

8-9 用蘸取了绿色颜料的拉花针画出几片叶子，最后用黑色颜料再次强调花瓣的轮廓线。

一年一次的
生日蛋糕

难易度

★★★★☆

材料：颜料（混有食用色素的奶油）、巧克力糖浆　工具：拉花针、圆点笔

1-2 用圆点笔蘸取粉色和紫色颜料，错落有致地点出蛋糕上的樱桃和蓝莓等水果。

3 　用拉花针蘸取巧克力糖浆，画出蛋糕若隐若现的轮廓。

4-5 用拉花针蘸取巧克力糖浆，画出蛋糕下面的托盘，再强调一下水果的轮廓。

6 　用圆点笔蘸取不同颜色的颜料，画出蜡烛。

7-9 用圆点笔蘸取红色颜料，在蜡烛顶端画出一个个小圆圈，再用拉花针把圆圈向上挑
　　 出尖角，当作火苗。

帆船晃悠悠

难易度

★☆☆☆☆

材料：颜料（混有食用色素的奶油） **工具：**拉花针、勺子

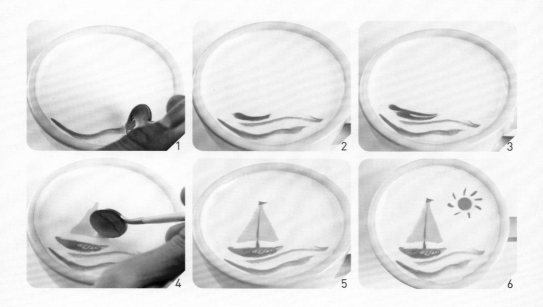

1　用勺子蘸取蓝色颜料，画出海浪。

2-3 用勺子蘸取一点土黄色颜料，画出帆船的船身，再用拉花针把颜色晕开，使船形更清晰。

4　用勺子蘸取黄色颜料，画出三角形的帆。

5　用拉花针蘸取土黄色颜料，画出桅杆。

6　用勺子蘸取橘黄色颜料，画出一个圆圆的太阳，再用拉花针蘸取同样颜色的颜料，
　　画出太阳四周散发的光。

风车吹啊吹

难易度

★☆☆☆☆

材料：颜料（混有食用色素的奶油）、巧克力糖浆　**工具：**拉花针、圆点笔

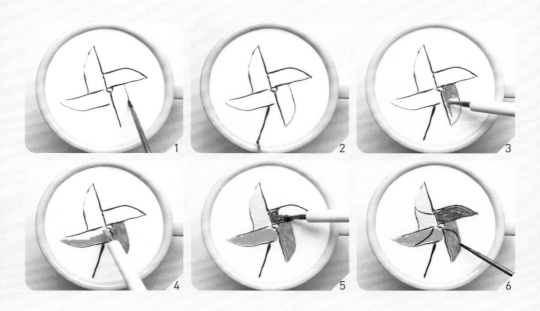

1-2　用拉花针蘸取巧克力糖浆，画出风车的轮廓。

3-5　用圆点笔蘸取四种不同颜色的颜料，填充在扇面里，注意不要碰到轮廓线。

6　　用拉花针蘸取巧克力糖浆，在扇面上画出四条斜线。

飞机飞呀飞

难易度

★☆☆☆☆

材料：颜料（混有食用色素的奶油）、巧克力糖浆　　**工具**：拉花针、勺子

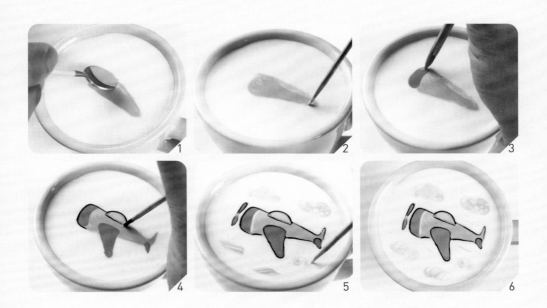

1　用勺子蘸取灰色颜料，在奶油上画出飞机的形状。

2　用拉花针把颜色涂匀，完成机身部分。

3　用圆点笔或粗一些的拉花针蘸取红色颜料，画出飞机头部和翅膀。

4　用蓝色颜料画出飞机的驾驶舱，再用拉花针蘸取巧克力糖浆，清晰地勾勒出飞机的
　　轮廓。

5-6　用勺子蘸取淡蓝色颜料，轻轻地在奶油上涂出云朵形状，再用拉花针晕开一点，呈
　　现出更自然的效果。

木马摇啊摇

难易度

★★☆☆☆

材料： 颜料（混有食用色素的奶油）　**工具：** 拉花针、勺子

1 用勺子蘸取红色颜料，在奶油上涂抹出木马底座的形状。

2 用拉花针调整轮廓。

3 用勺子蘸取绿色颜料，画出木马的形状。

4 用拉花针蘸取绿色颜料，画出木马的马鬃和尾巴，注意不要和身体部分挨在一起。然后处理一下各个细节，使木马的样子更加清晰。

5 用勺子蘸取奶油滴在马背上，再用拉花针蘸取绿色颜料画出马鞍。

6 用拉花针把马鬃和马尾挑出一些尖角，表现出毛茸茸的样子。

摇摇摆摆小企鹅

难易度

★★☆☆☆

材料：颜料（混有食用色素的奶油） **工具：**拉花针、勺子

1-2 用勺子蘸取深蓝色颜料，在奶油上画出企鹅的大致轮廓。

3-4 用拉花针轻轻地涂开蓝色颜料，调整线条粗细，仔细处理细节。

5-6 用拉花针蘸取黄色和红色颜料，分别画出企鹅的嘴巴和心形的眼睛，以及圆滚滚的
    脚丫。

熊猫憨憨

难易度

★★☆☆☆

材料： 颜料（混有食用色素的奶油）　**工具：** 拉花针、勺子

1　用勺子蘸取绿色颜料，画出几条短粗的直线代表竹子。

2-3　用勺子蘸取蓝色颜料，画一条曲线，表现出抱着竹子的熊猫形态，再用拉花针将颜
　　　色涂抹均匀。

4　用拉花针蘸取黑色颜料，画出圆形的脑袋。

5-6　用拉花针蘸取蓝色颜料，画出熊猫的黑眼圈，再分别蘸取奶油和黑色颜料，画出熊
　　　猫的眼睛和鼻子。

跳跃的烛光

难易度

★★☆☆☆

材料：颜料（混有食用色素的奶油）、巧克力糖浆　**工具：**拉花针、圆点笔

1　用圆点笔蘸取黄色颜料，画一个圆，然后把圆的边缘略微涂开，营造出光晕的感觉。

2　用拉花针蘸取巧克力糖浆，画出烛油融化滴落的蜡烛形状。

3　用圆点笔蘸取蓝色颜料，强化蜡烛和烛油的轮廓线。

4　用圆点笔或拉花针处理细节，使画面更具立体感。

5　用圆点笔蘸取红色颜料，画出火苗。

6　用拉花针蘸取巧克力糖浆，画出蜡烛棉芯。

鲜花盛开的春天

难易度

★★★☆☆

材料： 颜料（混有食用色素的奶油）、巧克力糖浆　**工具：** 拉花针、勺子

1　用拉花针蘸取褐色颜料，画出树枝。画到树梢时把拉花针慢慢地向外抽出，可以表现出更加轻盈自然的效果。

2　用勺子蘸取红色颜料，滴几滴在树枝上作为花朵。

3　将拉花针放在红色圆点外侧的奶油上，然后轻轻地往圆点中心方向划一下，就可以做出一个个花瓣造型了。

4　用拉花针蘸取绿色颜料，画出树叶。

5　用拉花针蘸取巧克力糖浆，再强化一下树干的立体效果。

6　用拉花针蘸取红色颜料，在空白处点几个点，作为飘落的花瓣。

桃花朵朵开

难易度
★★★★☆

材料：巧克力糖浆、草莓粉、爆米花　**工具：**拉花针

1-2 用拉花针蘸取巧克力糖浆，描绘出树干，然后蘸取一些奶油，涂在树干上，制造出树干分杈的效果。

3-6 用拉花针蘸取巧克力糖浆，仔细画出树下的两个小人。

　　*注意巧克力糖浆不要太稀也不能太浓，画的时候要蘸一点画一点，不要一次蘸太多。

7　　用拉花针蘸取巧克力糖浆，画出连接树干的秋千。

8-9 把两三枚撒有草莓粉的爆米花轻轻地放在树枝上，使画面更加生动立体。

　　*可以用草莓干等粉红色的食材代替爆米花，也可以将红色色素和奶油混合后，用圆点笔画在树枝上。

空中的长尾风筝

难易度

★★★☆☆

材料：颜料（混有食用色素的奶油）、巧克力糖浆　**工具：**拉花针、勺子

1-3　用勺子蘸取各种颜色的颜料，画出风筝的大致样子。

4-6　用拉花针蘸取巧克力糖浆，勾勒轮廓，仔细描绘各个细节。

　　*把风筝线画在咖啡杯把手的位置，拍出的照片会更生动。

秋雨中的温暖守候

难易度

★★★☆☆

材料：颜料（混有食用色素的奶油）、巧克力糖浆　工具：拉花针、圆点笔

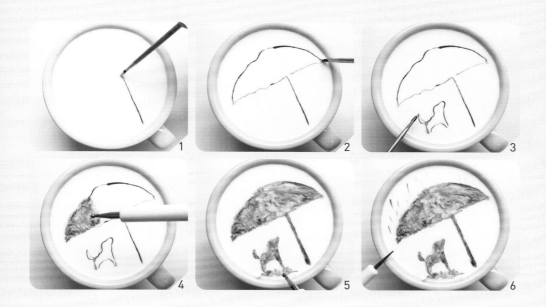

1-2　用拉花针蘸取巧克力糖浆，画出雨伞的轮廓。

　　　*注意伞柄尾部正对着咖啡杯把手位置，这样拍照会更有趣。

3　　用拉花针蘸取巧克力糖浆，在雨伞下面画一只小狗。

4　　用圆点笔蘸取浅褐色颜料，为雨伞填色。

5-6　用同样的方法给小狗和小狗的影子填色，最后在雨伞上面画出一些雨滴，作品就完
　　　成了。

不要捏我的脸

难易度

★★★☆☆

材料：颜料（混有食用色素的奶油）、巧克力糖浆　**工具：**拉花针、圆点笔

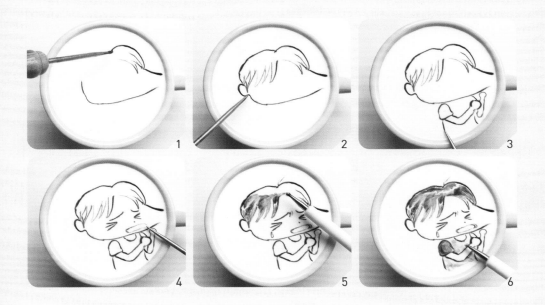

1-3　用拉花针蘸取巧克力糖浆，先画头部，再画出身体。

　　　*注意：脸被拽变形的部位最好正对着咖啡杯把手。

4　　画出哭泣的表情。

5-6　用圆点笔蘸取浅褐色颜料，在头发和衣服处填色。

吃鱼的猫咪

难易度

★★★☆☆

材料：颜料（混有食用色素的奶油）、巧克力糖浆　**工具：**拉花针、圆点笔

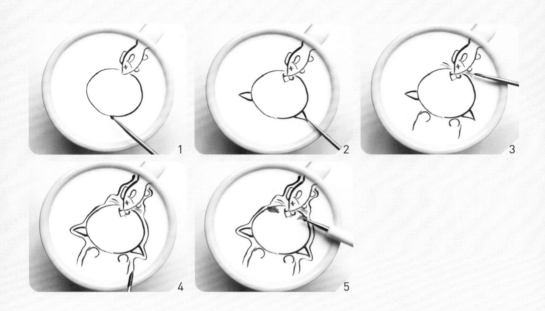

1　用拉花针蘸取巧克力糖浆，画完鱼后，挨着鱼嘴的位置再画一个圆。

　　*注意鱼尾要对着咖啡杯把手，先画鱼再画猫。

2-4　在鱼嘴和猫咪脑袋交界处，小心地画出猫咪的嘴。在整个轮廓线外再画一条轮廓线，可以让画面更加立体。

5　用圆点笔蘸取红色颜料，在猫咪脸颊两侧点两处腮红。

清爽的啤酒

难易度

★★★☆☆

材料：颜料（混有食用色素的奶油）、巧克力糖浆　工具：拉花针、圆点笔

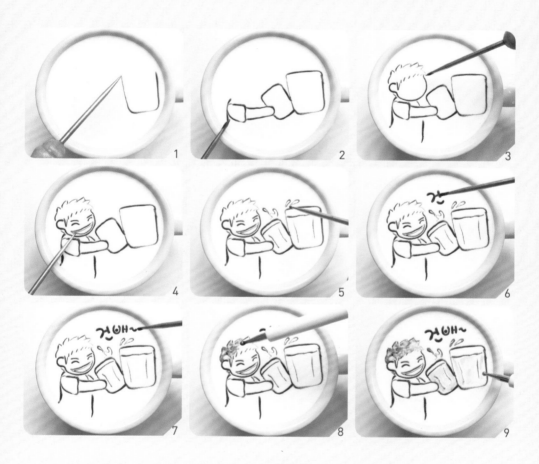

1　　用拉花针蘸取巧克力糖浆，在咖啡杯把手附近画一个大啤酒杯。

2-4　在刚才的大啤酒杯旁边画一个小一点的啤酒杯。之后再画人物。

5　　用拉花针蘸取巧克力糖浆，画出飞溅出来的啤酒。

6-7　用拉花针蘸取巧克力糖浆，写"干杯"二字（将图中韩文改成要替换的中文即可）。

8-9　用圆点笔蘸取浅褐色和黄色颜料，给头发和杯子填色。

吸血鬼之吻

难易度

★★★★☆

材料: 颜料(混有食用色素的奶油) **工具:** 拉花针、圆点笔、勺子

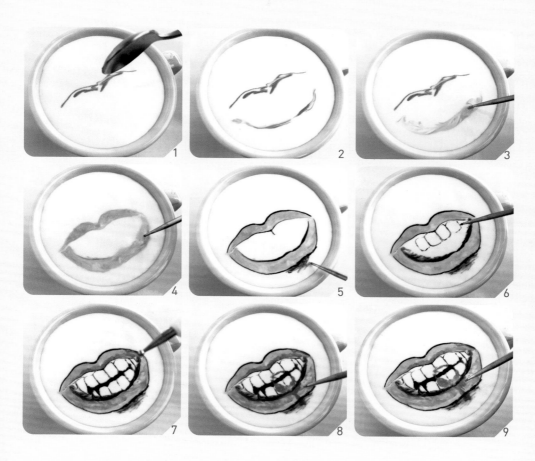

1　用勺子尖蘸取红色颜料,轻轻地画出上下嘴唇。

2-4　用拉花针把颜料涂开,修整成嘴唇的形状。

5-6　用拉花针蘸取黑色颜料,勾勒嘴唇的轮廓,并画出牙齿以及口腔的阴影。

7-9　用圆点笔蘸取红色颜料给嘴唇上色,然后在要放置手指的位置画一个红色圆圈。
　　 *放手指位置的红色要更深一些才显得逼真。

把眼镜还给我

难易度

★★★★☆

材料：颜料（混有食用色素的奶油）、巧克力糖浆　工具：拉花针、圆点笔

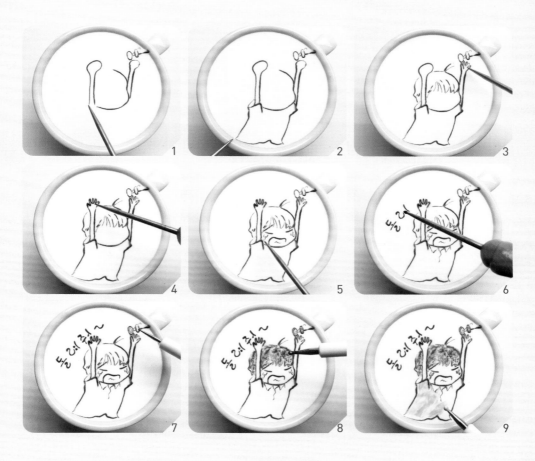

1-3 用拉花针蘸取巧克力糖浆，画出眼镜和人物的轮廓。

　*眼镜要画在咖啡杯把手的位置，然后再依照眼镜的位置画人。

4-5 先画线条比较简单的头发部分，然后再按手指、表情的顺序画好细节。

6-7 用拉花针蘸取巧克力糖浆写字（将图中韩文改成要替换的中文即可）。

8-9 用圆点笔给各个部位填色。

放开我

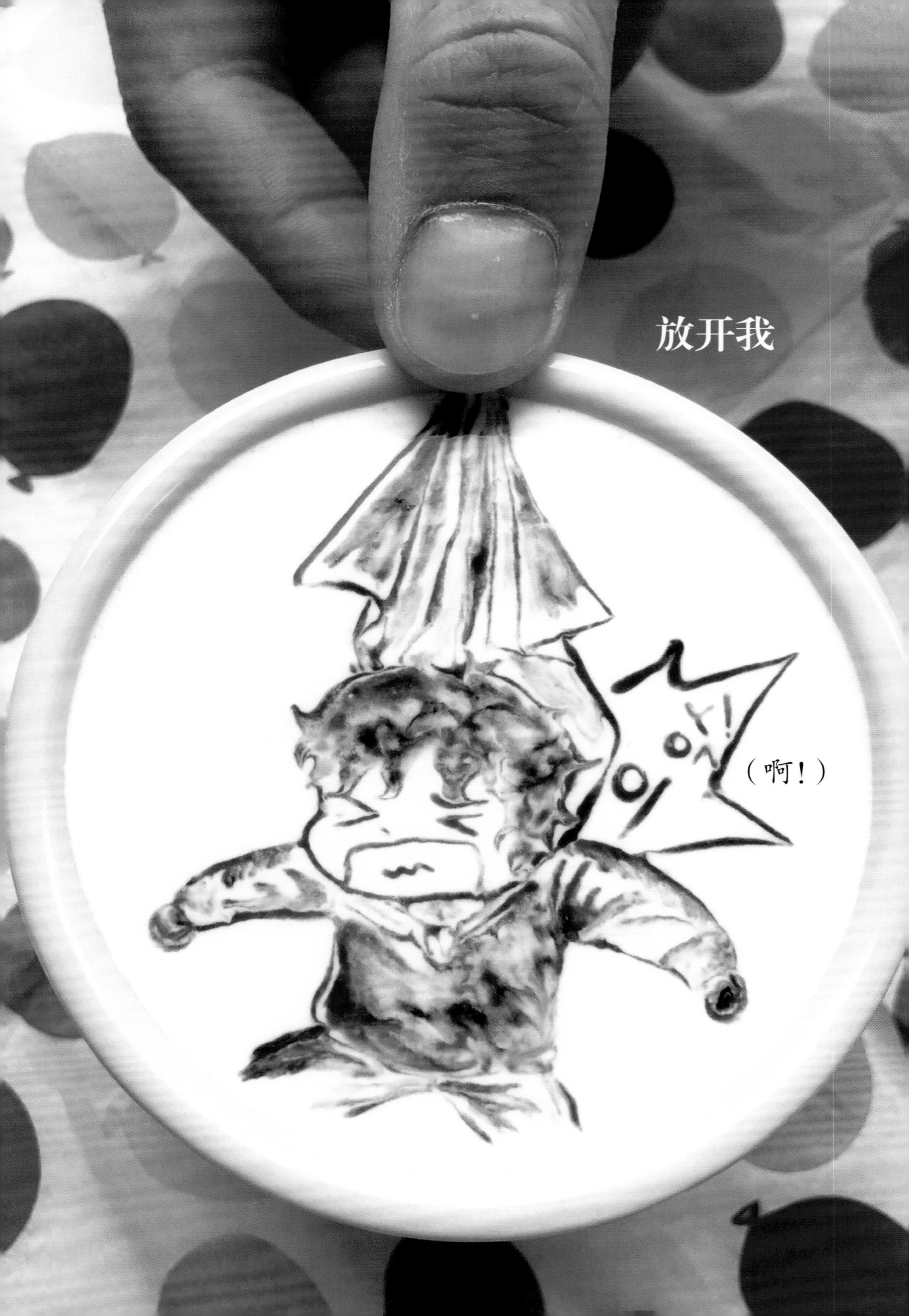

难易度

★★★★☆

材料：颜料（混有食用色素的奶油）、巧克力糖浆　　**工具：**拉花针、圆点笔

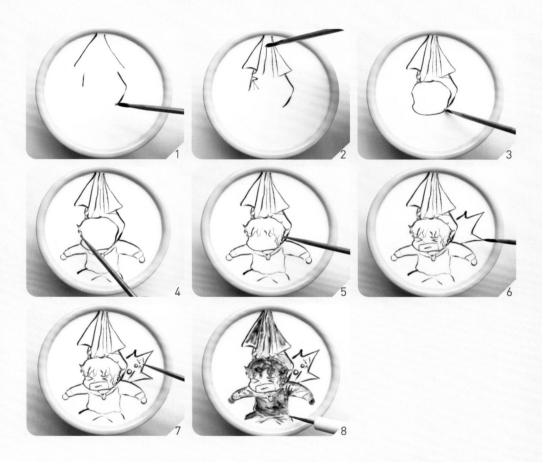

1-6　用拉花针蘸取巧克力糖浆，先挨着咖啡杯把手的位置画出被拽起来的衣服，然后按
　　　照从上到下的顺序画出人物的轮廓。

7　　用拉花针蘸取巧克力糖浆写字（将图中韩文改成要替换的中文即可）。

8　　用圆点笔蘸取浅褐色颜料进行填色，并画出阴影部分。

难易度

★★★★☆

材料：颜料（混有食用色素的奶油）、巧克力糖浆　**工具：**拉花针、圆点笔

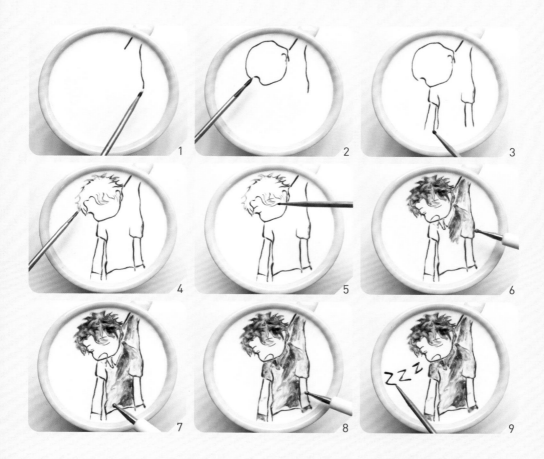

1-3 用拉花针蘸取巧克力糖浆，在咖啡杯把手位置先画衣服，然后参考衣服的位置将人物轮廓画好。

4-5 用拉花针把头部轮廓线涂开，修饰成头发的样子。

6-8 用圆点笔蘸取浅褐色颜料，在头发和衣服处填色。

9　最后用拉花针蘸取巧克力糖浆写"Z"字，就像是在打呼噜啦！

害羞的小熊

难易度

★☆☆☆☆

材料：颜料（混有食用色素的奶油）、奶油、巧克力糖浆　**工具：**拉花针、勺子

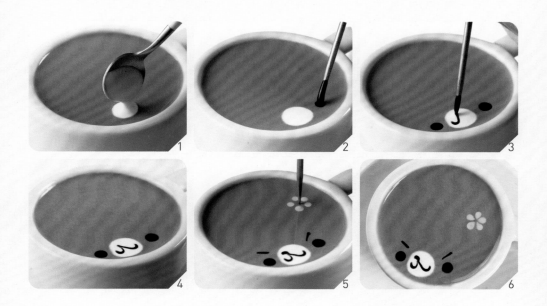

1　将巧克力糖浆与奶油混合搅拌均匀，铺在基底上。然后用圆勺或裱花袋将白色奶油
　　滴一滴在棕色奶油上。

2　用拉花针蘸取巧克力糖浆，在白色奶油两侧画两个小圆圈，当作小熊的眼睛。

3-4　用拉花针蘸取巧克力糖浆，在白色奶油上画出小熊的嘴和鼻子，并画出小熊的眉
　　毛，使表情更加传神。

　　*画嘴巴时，要从中间下笔，分两笔画完。一笔连下来的话，先画的一侧线条容易被
　　带跑。

5-6　用拉花针蘸取黄色颜料，点5个小圆点当作花瓣，然后用红色颜料在花瓣中间点一下
　　当作花蕊，最后在小熊两侧脸颊画上腮红。

让人垂涎欲滴的葡萄

难易度

★★☆☆☆

材料： 颜料（混有食用色素的奶油）　**工具：** 拉花针、圆点笔

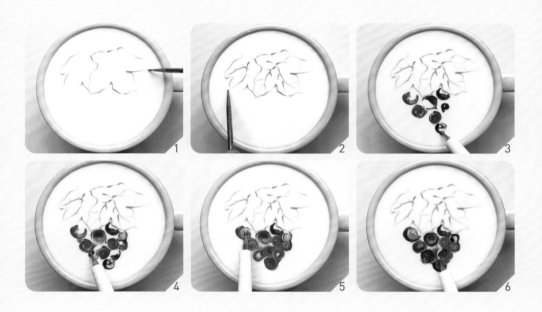

1-2　用拉花针蘸取绿色颜料，画出葡萄叶子的轮廓和叶脉。

3-4　用圆点笔蘸取紫色颜料，画出一颗颗葡萄，中间穿插一些红色以增加立体感。

5-6　用圆点笔将颜色均匀地晕开，再上色一次，让葡萄的颜色更加鲜艳。

粉色的深海鱼

难易度

★★☆☆☆

材料：颜料（混有食用色素的奶油） 工具：拉花针、圆点笔、勺子

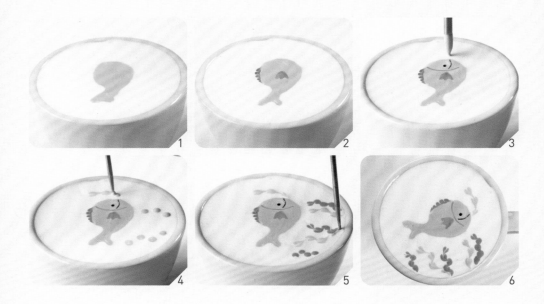

1 用勺子蘸取粉色颜料，画出鱼的形状。

2-3 用拉花针或圆点笔蘸取红色颜料，画出鱼鳍、鱼嘴和鱼鳃。

4 用拉花针蘸取淡紫色和绿色颜料，点出几串圆点（点与点之间要留出适当空间），作为气泡和水草。

5-6 用拉花针从上到下划过气泡和水草，制作出一个个桃心形状。

幸福的熊宝宝和熊妈妈

难易度

★★☆☆☆

材料：颜料（混有食用色素的奶油）、巧克力糖浆　　**工具：**拉花针、勺子

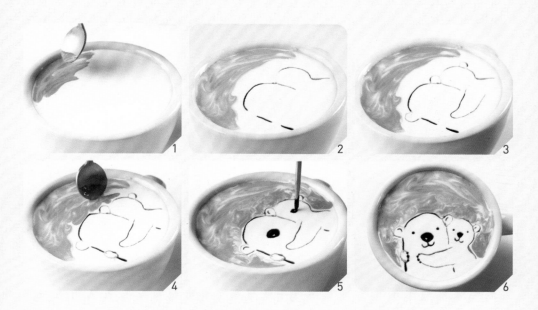

1　　用勺子蘸取蓝色颜料，涂出背景色。

2-3　用拉花针蘸取巧克力糖浆，画出熊宝宝抱着熊妈妈的外形轮廓。

4　　用勺子继续蘸取蓝色颜料填充背景，注意不要碰到熊的轮廓线。

5-6　最后用拉花针蘸取巧克力糖浆，画出熊妈妈和熊宝宝的眼睛、鼻子、嘴巴和爪子。

清新的香橙花

难易度

★★★☆☆

材料： 颜料（混有食用色素的奶油） **工具：** 拉花针、勺子

1   用勺子蘸取黄色颜料，在奶油上滴出5个圆点，作为花瓣。

2   用拉花针蘸取绿色颜料，大致画出叶子的样子。

3-4 用拉花针从黄色圆点内侧向外侧划一下，做出花瓣的造型。

5-7 用拉花针从下到上呈"S"形划过叶子部分，划到上方后再沿中线划下来，使叶子
      更加生动。

8-9 用拉花针蘸取绿色颜料，画出花茎，用黄色颜料在花瓣中间点出花蕊。

131

爱你的心

难易度

★★★☆☆

材料：颜料（混有食用色素的奶油） **工具：**拉花针、勺子

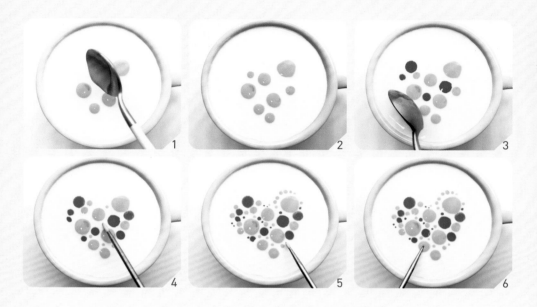

1-3 用勺子分别蘸取粉色和红色颜料，在奶油上滴出大小不同的圆点。

    *大圆点适宜用勺子或裱花袋，小圆点用拉花针或圆点笔即可。注意不要让圆点挨在一起。

4-6 用拉花针在空隙处再点一些小圆点，最终做出心形。

一杯"健康茶"

难易度

★★★☆☆

材料： 颜料（混有食用色素的奶油） **工具：** 拉花针、勺子

1-3 用勺子蘸取红色颜料，画出西红柿形状，再用拉花针蘸取绿色颜料，画出西红柿的绿蒂。

4-5 用勺子蘸取紫色颜料，画一个茄子，再用拉花针蘸取绿色颜料，画出茄子柄。

6-7 用同样的方法画出胡萝卜和牛油果。

8 用拉花针蘸取奶油，画出蔬菜的细节部分。

空中的气球

难易度

★★★☆☆

材料：颜料（混有食用色素的奶油）　**工具：**拉花针、勺子

1-3　用勺子蘸取不同颜色的颜料，画出气球的大致形状。

4-5　用拉花针在气球下面拉出几个尖角，作为打结的部分。

6-7　用拉花针蘸取奶油，画出波点图案，再蘸取其他颜色的颜料，画出条纹。

8-9　最后用拉花针蘸取褐色颜料画出气球的拉绳。

一杯咖啡的时光

难易度

★★★☆☆

材料：颜料（混有食用色素的奶油） **工具：**拉花针、勺子

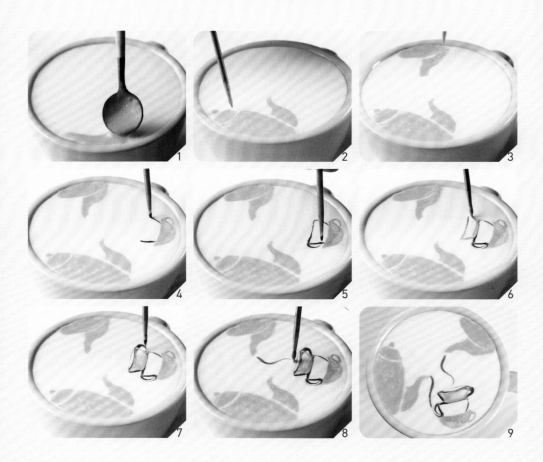

1 用圆勺蘸取粉色颜料，画出咖啡壶的形状。

2-3 用拉花针顺着一个方向，轻轻地划出咖啡壶的壶嘴和盖子部分。

4-7 用拉花针蘸取蓝色颜料，画出咖啡杯。中间的杯子只需画出轮廓线，这样画面看起来会更加立体。

8-9 用拉花针蘸取褐色颜料，画出咖啡壶里流出的咖啡。

Chapter07

一杯 "帅气的字体"

永远爱您

（爸爸妈妈
我爱你们！）

이빠 엄마
사랑해요!

难易度

★★☆☆☆

材料：颜料（混有食用色素的奶油）、巧克力糖浆　**工具：**拉花针

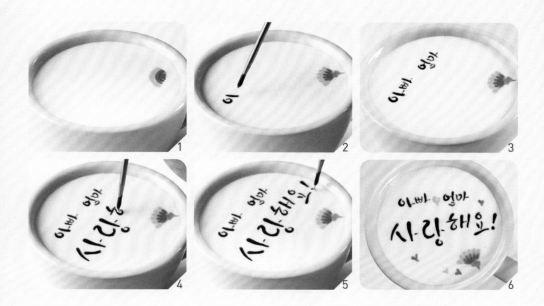

1　用拉花针蘸取红色和粉色颜料，画出一个半圆形，然后按照画康乃馨的方法（见P.73），从曲线外侧向内侧轻轻划几下，画出一朵小花。之后蘸取绿色颜料画出花茎。

2-5　用拉花针蘸取巧克力糖浆写字（将图中韩文改成要替换的中文即可）。

6　最后用拉花针蘸取粉色和红色颜料，在四周画一些小桃心。

（新年快乐）

새해福
많이
받으세요

新年快乐

难易度

★★☆☆☆

材料：颜料（混有食用色素的奶油）、巧克力糖浆　**工具：**拉花针

1-3 用拉花针蘸取巧克力糖浆和红色颜料写字（将图中韩文改成要替换的中文即可）。

4-6 用拉花针蘸取巧克力糖浆，画出山的样子，最后用红色颜料，在山峰中间画一个红色的太阳。

生日快乐

（生日快乐）

Happy

BIRTHDAY

难易度

★★★☆☆

材料： 颜料（混有食用色素的奶油）、巧克力糖浆　**工具：** 拉花针

1-3 用拉花针蘸取巧克力糖浆，在奶油上写字（可将英文替换成"生日快乐"或其他
中文）。

4-6 在画面一角画两个小气球，然后用拉花针蘸取颜料，在字母上画出一个个小点。

　　*每写一个字都需注意不要影响到前一个字的形状。每个笔画最好一笔写成，以保持
　　画面整洁。

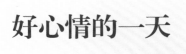

好心情的一天

（好日子）

难易度

★★★☆☆

材料：颜料（混有食用色素的奶油）、巧克力糖浆　**工具：**拉花针

1-3 用拉花针蘸取巧克力糖浆写字（将图中韩文改成要替换的中文即可）。

4　　用拉花针蘸取蓝色颜料，画出云朵。

5-6 用拉花针蘸取不同颜色的颜料，画出连接两朵云的彩虹。

星光满天的夜晚

（星光）

별빛

难易度

★★★☆☆

材料：颜料（混有食用色素的奶油）、巧克力糖浆　**工具：**拉花针、勺子

1　用勺子蘸取黑色颜料，画出夜晚的云朵。

2　用勺子蘸取黄色颜料，画出月亮的大致形状。

3　用拉花针仔细地处理月亮的边缘，使月亮形状更为清晰。

4　用拉花针蘸取黄色颜料，画出旁边的星星。

　　*在云朵上面画星星的时候注意不要让颜色混在一起。

5-6　最后用拉花针蘸取巧克力糖浆写字（将图中韩文改成要替换的中文即可）。

中秋快乐

（中秋）

难易度

★★★☆☆

材料： 颜料（混有食用色素的奶油） **工具：** 拉花针

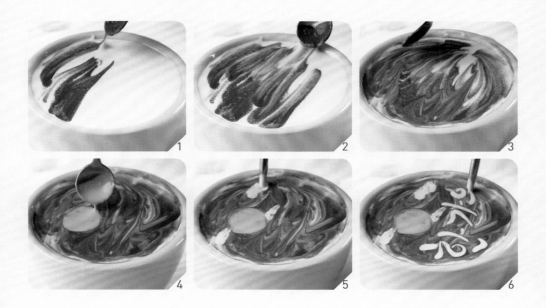

1-3 用勺子蘸取蓝色颜料，涂出背景色。

4　用勺子蘸取黄色颜料，滴出一个满月形状。

5　用拉花针蘸取奶油，画几朵云。

6　最后用拉花针蘸取奶油写字（将图中韩文改成要替换的中文即可）。

毛骨悚然的万圣节

（万圣节）

难易度

★★★☆☆

材料：颜料（混有食用色素的奶油）、巧克力糖浆　**工具：**拉花针、不锈钢去角质推刀

1-2　用推刀蘸取蓝色颜料，画出巫婆的帽子，再用红色颜料在帽子上画一条线作为装饰。

3　　用拉花针蘸取橘色颜料，画一个圆形南瓜。

4-5　用拉花针蘸取巧克力糖浆写字（将图中韩文改成要替换的中文即可）。

6-8　用拉花针蘸取巧克力糖浆，画出南瓜的眼睛、鼻子和嘴巴，最后再勾勒出轮廓线，
　　　增加立体感。

圣诞快乐

（圣诞快乐）

难易度

★★★☆☆

材料：颜料（混有食用色素的奶油）、巧克力糖浆　**工具：**拉花针

1-3 用拉花针蘸取巧克力糖浆写字（可将英文替换成"圣诞快乐"或其他中文）。

4-6 用拉花针蘸取绿色和黄色颜料，画出背景中的星星和圣诞树。

恭喜发财

难易度

★★★★☆

材料：颜料（混有食用色素的奶油） **工具：**拉花针、勺子

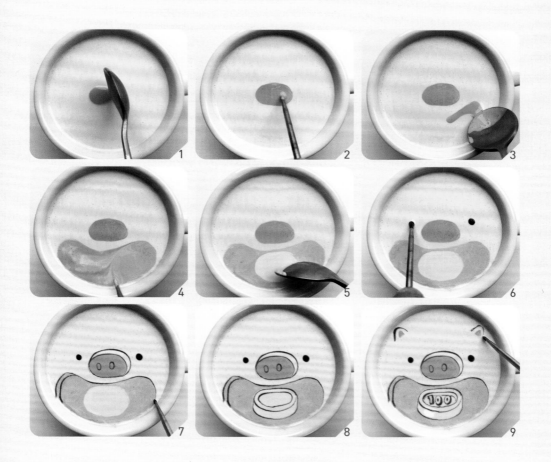

1-3 将红色颜料和奶油混合均匀，铺在基底上，然后用勺子蘸取粉色颜料，画出猪鼻子和嘴巴的形状。

4-5 用拉花针将粉色颜料轻轻地涂抹均匀。用勺子蘸取黄色颜料，用同样的方法画出金元宝。

6-7 用拉花针蘸取黑色颜料，点出眼睛，然后勾勒出清晰的嘴部轮廓线。

8-9 用拉花针勾勒出元宝的轮廓，使其更加立体，最后画出三角形的耳朵。

关于李康彬

头衔

韩国首尔综合艺术学校兼职教授
韩国C.through 咖啡厅CEO
咖啡彩绘拉花创始人

奖项

中国CTI咖啡拉花艺术大赛评委
（CTI：《咖啡茶与冰淇淋》杂志）
中国MBA（顶级咖啡师联盟）咖啡拉花艺术大赛评委
CTI 咖啡拉花艺术大赛杭州赛区评委
韩国咖啡大师比赛（Master of CAFE）前三名
韩国咖啡师奖（KOREA BARISTA AWARD）拉花艺术部门提名

培训及研讨会

2014年咖啡展咖啡培训舞台
韩国职业教育中心培训讲师
韩国职业效率振兴院培训讲师
CJ METIER（希杰蜜蒂尔）品评会（首尔、上海、西安、南京、沈阳、哈尔滨、北京、青岛）
韩国首尔酒店旅游职业学校专题讲座
韩国首尔综合艺术学校专题讲座
2017年甜蜜韩国（Sweet Korea）咖啡拉花研讨会
2017年咖啡博览会达芬奇展位现场展示
雀巢Nespresso（奈斯派索）品牌冠名咖啡鸡尾酒教学
Publicis One（法国广告巨头阳狮集团韩国子公司）品牌冠名咖啡彩绘拉花教学
VBM TECH.（威比美）发布会研讨会
2018年平昌冬季奥运会研讨会

媒体报道

CNN News（美国有线电视新闻网）
NBC News（美国国家广播公司新闻）
ABC News（美国广播公司新闻）
The Independent（英国《独立报》）
American Way（美国方式）
政府期刊《Weekly空间》
韩国政府门户网站Korea.net
Netflix（奈飞）综艺节目《犯人就是你》
MBC（韩国文化广播公司）综艺节目《我的小电视》
SBS（首尔广播公司）电视节目《世间奇事》第799集/900集
大韩航空广告
LG（乐喜金星）V30手机广告
Noble（贵族）咖啡广告

个人社交网站地址：INSTAGRAM.COM/LEEKNAGBIN91
咖啡馆社交网站地址：INSTAGRAM.COM/c.through

Lee, kang bin
— Creamart Creator

图书在版编目（CIP）数据

咖啡彩绘拉花63款 /（韩）李康彬著；程匀译 . — 北京：
中国轻工业出版社，2020.11

ISBN 978-7-5184-3180-9

Ⅰ . ①咖⋯ Ⅱ . ①李⋯ ②程⋯ Ⅲ . ①咖啡 – 配制
Ⅳ . ① TS273

中国版本图书馆 CIP 数据核字（2020）第 173558 号

责任编辑：王晓琛　　责任终审：劳国强　　整体设计：锋尚设计

责任校对：晋　洁　　责任监印：张京华

出版发行：中国轻工业出版社（北京东长安街6号，邮编：100740）

印　　刷：北京博海升彩色印刷有限公司

经　　销：各地新华书店

版　　次：2020年11月第1版第1次印刷

开　　本：720×1000　1/16　印张：10

字　　数：200千字

书　　号：ISBN 978-7-5184-3180-9　定价：58.00元

邮购电话：010-65241695

发行电话：010-85119835　传真：85113293

网　　址：http://www.chlip.com.cn

Email：club@chlip.com.cn

如发现图书残缺请与我社邮购联系调换

200130S1X101ZYW